BIOHACKING SPARTANO

Come ottimizzare il metabolismo per incrementare, forza fisica, mentale, salute e longevità.

BY

MATTHEW SPURS

INDICE

PARTE 1
INTRODUZIONE AL BIOHACKING

Benvenuto in Biohacking Spartano

Benvenuti nel mondo del Biohacking Spartano, una filosofia che unisce le antiche pratiche spartane di resistenza, forza e disciplina con le moderne tecniche di ottimizzazione del corpo e della mente. L'approccio spartano alla vita enfatizza la resilienza, la determinazione e la volontà di superare ogni ostacolo. Allo stesso modo, il biohacking cerca di sfruttare ogni strumento e tecnica disponibile per migliorare la salute, l'energia e la longevità. Questa fusione di antico e moderno offre un percorso unico per raggiungere il massimo potenziale umano.

Cos'è il Biohacking?

Il termine "biohacking" può suonare come qualcosa di futuristico o addirittura di fantascienza, ma in realtà è una pratica molto radicata. Si tratta essenzialmente di "hackerare" o modificare il nostro corpo e la nostra mente per ottimizzare le performance, la salute e il benessere. Ciò può includere tutto, dalla modifica della dieta e dell'esercizio fisico, all'uso di integratori o tecniche di meditazione avanzate. Il biohacking può essere tanto semplice quanto modificare la propria dieta o quanto complesso quanto utilizzare la tecnologia per monitorare e migliorare le funzioni biologiche.

L'Hacking dei Mitocondri

I mitocondri, spesso definiti le "centrali energetiche" delle nostre cellule, giocano un ruolo cruciale nella produzione di energia. Hanno un impatto diretto sulla nostra vitalità, resistenza e capacità di recupero. Attraverso il biohacking, possiamo mirare specificamente a ottimizzare la funzione mitocondriale. Questo può includere pratiche come l'esposizione al freddo, determinate diete (come quella chetogenica) o l'uso di specifici integratori. Migliorando la funzione dei mitocondri, possiamo aumentare la nostra energia, migliorare la concentrazione e potenzialmente rallentare il processo di invecchiamento.

Biohacking e Ormoni

Gli ormoni sono messaggeri chimici che regolano molte funzioni essenziali nel nostro corpo, dalla crescita e sviluppo alla regolazione dell'umore e del metabolismo. Il biohacking ormonale si concentra sull'ottimizzazione dei livelli ormonali attraverso varie tecniche. Questo può includere la modifica della dieta, l'uso di integratori, tecniche di gestione dello stress come la meditazione, e persino terapie ormonali. Il mantenimento di un equilibrio ormonale ottimale può portare a miglioramenti nell'energia, nella composizione corporea, nella libido e nella salute mentale.

PARTE 2
HACK ALIMENTAZIONE

─────────── • ───────────

Pronti, Partenza, Via!

Nell'era contemporanea, la nostra alimentazione è diventata una complessa combinazione di scelte, spesso influenzate da tendenze, pubblicità e accessibilità. Mentre alcuni vedono il cibo semplicemente come carburante, il biohacking ci insegna che ogni boccone è un'opportunità per ottimizzare la nostra salute, longevità e performance. In questa sezione, esploreremo come potenziare strategicamente la nostra alimentazione, basandoci su scienza, tradizione e sperimentazione individuale.

La lettera di un Biohacker

Quando il Biokacker ha iniziato il suo viaggio nel biohacking, era sopraffatto dalla vasta gamma di informazioni disponibili. Nella sua lettera, racconta di come ha navigato attraverso consigli contraddittori, sperimentato diversi regimi alimentari e, alla fine, ha trovato un equilibrio che ha funzionato per lui. La sua esperienza sottolinea che non esiste una "taglia unica" quando si tratta di nutrizione. L'importanza di essere consapevoli, curiosi e aperti a nuove conoscenze è fondamentale per trovare ciò che funziona meglio per ogni individuo.

Hacks Alimentazione

La nutrizione è tanto una scienza quanto un'arte.

Alcuni hacks alimentari comuni includono:

- **Digiuno Intermittente:** Non solo una moda, ma un ritorno alle radici. I nostri antenati spesso mangiavano in finestre ristrette a causa della disponibilità di cibo. Questa pratica può aiutare a ridurre l'infiammazione, migliorare la longevità e ottimizzare la funzione cerebrale.

- **Dieta Low Carb:** Non si tratta solo di perdere peso, ma di regolare i livelli di insulina, ridurre il rischio di malattie metaboliche e migliorare la salute del cervello.

- **Timing Alimentare:** L'orologio biologico regola molte funzioni corporee. Mangiare in linea con il nostro ritmo circadiano può portare a una migliore digestione, sonno e salute generale.

Tipo di Grassi

I grassi sono stati demonizzati per anni, ma sono essenziali per molte funzioni corporee. Distinguerli cruciale:

- **Grassi Saturi:** Essenziali per la produzione di ormoni e la salute delle membrane cellulari. Sebbene siano stati associati a malattie cardiovascolari, studi recenti suggeriscono che la loro assunzione moderata può essere benefica.

- **Grassi Monoinsaturi:** Promuovono la salute del cuore, riducono l'infiammazione e possono aiutare nella gestione del peso.

- **Grassi Polinsaturi:** Essenziali per il cervello e la funzione cellulare. Tuttavia, l'equilibrio tra omega-3 e omega-6 è cruciale.

Chetosi

La chetosi è un meccanismo di sopravvivenza che permette al corpo di produrre energia dai grassi quando i carboidrati sono scarsi. Una dieta chetogenica imita questo stato, portando a benefici come una maggiore chiarezza mentale, perdita di peso e potenziale protezione contro alcune malattie neurologiche.

Sistemi di Disintossicazione del Corpo

Viviamo in un mondo in cui siamo esposti a una miriade di tossine. Fortunatamente, il nostro corpo dotato di sofisticati sistemi di disintossicazione:

- **Fegato:** Oltre a metabolizzare farmaci e alcool, trasforma sostanze tossiche in meno nocive.

- **Reni:** Ogni giorno, filtrano e puliscono il nostro sangue, rimuovendo scorie e tossine.

- **Pelle e Polmoni:** Attraverso processi come il sudore e la respirazione, eliminano tossine e regolano l'equilibrio dei fluidi.

Integrare la dieta con alimenti ricchi di antiossidanti e composti disintossicanti, come verdure a foglia verde, tè verde e curcuma, può potenziare questi sistemi naturali di pulizia.

PARTE 3
HACK ALLENAMENTO

———————————— • ————————————

N el mondo del biohacking, l'allenamento non rappresenta solo una serie di esercizi fisici per scolpire il corpo, ma una vera e propria strategia per ottimizzare le prestazioni fisiche e mentali. Ecco alcuni hack per massimizzare i benefici dell'allenamento.

Hacks Allenamento:

L'allenamento hack non si riferisce solo a trucchi o scorciatoie, ma piuttosto a metodi comprovati per migliorare la resistenza, la forza e l'efficienza. Ad esempio, l'utilizzo di tecniche di respirazione profonda può aumentare l'ossigenazione del sangue, migliorando così la resistenza e riducendo l'affaticamento.

Pesi, Corpo Libero, Attrezzatura Minima e Outdoor Training:

Non è sempre necessario andare in una palestra ben attrezzata per avere un allenamento efficace. Il corpo libero, ovvero l'uso del proprio peso corporeo, può essere estremamente efficace. Esercizi come flessioni, squat e trazioni sono fondamentali. L'allenamento all'aperto, come la corsa o il trekking, può anche offrire vantaggi aggiuntivi grazie alla connessione con la natura e l'aria fresca.

Allenamento e Dintorni:

L'ambiente in cui ci si allena può influenzare notevolmente l'efficacia dell'allenamento. La musica motivante, l'illuminazione adeguata e un'atmosfera positiva possono fare la differenza.

Hack Allenamento 1:

Il principio di sovraccarico progressivo: per vedere miglioramenti continui, è essenziale aumentare gradualmente l'intensità dell'allenamento. Ciò può essere fatto aumentando il peso, le ripetizioni o la durata dell'esercizio.

Hack Allenamento 2:

Recupero attivo: invece di riposare completamente tra le serie, si può optare per un recupero attivo, come camminare o fare stretching. Questo può migliorare la circolazione e ridurre il tempo di recupero.

Nuoto in Ambiente Naturale:

Il nuoto in ambienti naturali, come laghi o mari, non solo offre un allenamento completo del corpo, ma anche un'esperienza unica di connessione con la natura. Tuttavia, è essenziale essere consapevoli delle condizioni di sicurezza.

Fuga dal Leone:

Un concetto metaforico che rappresenta l'istinto primordiale di fuga o lotta. Incorporare sprint brevi e intensi nel tuo regime di allenamento può simulare questa "fuga" e offrire benefici cardiovascolari.

Allenamento Carbo:

Mentre molte persone si concentrano su diete a basso contenuto di carboidrati, è essenziale comprendere l'importanza dei carboidrati, in particolare durante gli allenamenti ad alta intensità. Forniscono energia rapida e possono migliorare le prestazioni.

Allenamento e Aumento della Massa Muscolare:

L'aumento della massa muscolare non è solo una questione estetica. Maggiore massa muscolare può portare a un metabolismo più elevato, maggiore forza e miglior protezione contro le lesioni. È essenziale combinare un allenamento di resistenza adeguato con una dieta ricca di proteine e calorie per supportare la crescita muscolare.

PARTE 4
HACK INTEGRAZIONE

―――――――・―――――――

Integrazione di Base:

L'integrazione alimentare è una pratica utilizzata da millenni in varie culture per migliorare la salute e le prestazioni fisiche. Nel contesto del biohacking, l'integrazione di base rappresenta la fondazione su cui costruire una solida routine di salute. Questi integratori sono spesso vitamine, minerali ed enzimi che possono colmare le lacune nutrizionali nella dieta quotidiana e supportare la funzione ottimale del corpo.

Consigli:

- Iniziare sempre con una buona analisi del proprio stato di salute e delle proprie esigenze nutrizionali.

- Optare per integratori di alta qualità e privi di additivi o riempitivi inutili.

Magnesio Transdermico:

Il magnesio è un minerale essenziale per numerose funzioni nel corpo, incluse la contrazione muscolare, la produzione di energia e la sintesi del DNA. Mentre l'integrazione orale di magnesio è comune, il magnesio transdermico offre un metodo alternativo e spesso più efficace per aumentare i livelli di questo importante minerale.

Applicando una soluzione di magnesio sulla pelle, il minerale viene assorbito direttamente nel flusso sanguigno, bypassando il tratto digestivo e garantendo una migliore biodisponibilità. Questo può essere particolarmente utile per coloro che hanno difficoltà digestive o che desiderano un rilascio più rapido del minerale nel corpo.

Altra Integrazione Utile e Glutammina:

La glutammina è un amminoacido non essenziale con numerose funzioni nel corpo. È fondamentale per la salute intestinale, il supporto immunitario e la riparazione muscolare. Per gli atleti o coloro che sottopongono i loro corpi a stress fisico intenso, l'integrazione con glutammina può aiutare a velocizzare il recupero e a ridurre l'infiammazione.

Oltre alla glutammina, ci sono numerosi altri integratori che possono essere utili nel contesto del biohacking, tra cui:

- Omega-3: per la salute del cuore e la funzione cognitiva.

- Probiotici: per equilibrare la flora intestinale e migliorare la digestione.

- Vitamina D: essenziale per la salute delle ossa e il supporto immunitario.

Spartan Strength:

Inspirato dall'antica cultura spartana, "Spartan Strength" rappresenta un approccio olistico alla forza e al benessere fisico. Si tratta di combinare una formazione fisica rigorosa con una nutrizione ottimale e un'adeguata integrazione. La forza spartana non si limita alla forza fisica, ma comprende anche la resistenza mentale, la determinazione e la capacità di affrontare le sfide con coraggio.

Un'adeguata integrazione può giocare un ruolo chiave nel raggiungimento della "Spartan Strength". Combinando integratori come la glutammina, il magnesio e altri nutrient essenziali, si può supportare il corpo nel suo percorso verso la forza ottimale.

In conclusione, l'integrazione è una componente fondamentale del biohacking. Che si tratti di colmare le lacune nutrizionali, migliorare la performance atletica o supportare la salute generale, è essenziale selezionare integratori di alta qualità e utilizzarli in modo strategico per raggiungere i propri obiettivi.

PARTE 5
HACK STILE DI VITA

Il biohacking non si limita solamente alle modifiche dietetiche o alla manipolazione biologica. Va oltre, toccando ogni aspetto della nostra vita quotidiana. Questa sezione esplorerà alcuni degli "hack" o tecniche che possono essere utilizzate per migliorare la qualità della nostra vita quotidiana, rendendo ogni giorno più produttivo, centrato e salutare.

Hacks Stile di Vita:

Nel mondo frenetico di oggi, molte persone cercano modi per migliorare la loro qualità di vita, sia fisicamente che mentalmente. Gli hack stile di vita sono modifiche o abitudini che possono essere introdotte nella routine quotidiana per migliorare la salute, il benessere e la produttività. Questi hack possono variare da tecniche di respirazione a modifiche del sonno, e vanno adattati alle esigenze individuali.

Meditazione:

La meditazione è una pratica antica che ha guadagnato molta popolarità in tempi recenti. Si tratta di un'abilità che aiuta a centrare la mente, ridurre lo stress e migliorare la consapevolezza di sé. Con la crescente ricerca che dimostra i suoi benefici sul benessere mentale, sempre più persone stanno incorporando la meditazione nelle loro routine quotidiane. Essa non solo aiuta a migliorare la concentrazione e la chiarezza mentale, ma ha anche dimostrato di ridurre i livelli di ansia e depressione.

Toni Binaurali:

I toni binaurali sono una tecnica di stimolazione uditiva che sfrutta la capacità del cervello di percepire un terzo tono quando due toni di frequenze leggermente diverse vengono presentati separatamente a ciascun orecchio. Questi toni possono aiutare a migliorare la concentrazione, promuovere il rilassamento e persino migliorare la qualità del sonno. Molti utilizzano questi toni come strumento di meditazione o per aiutarsi a concentrarsi durante il lavoro.

Respirazione:

La respirazione è fondamentale per la vita, ma spesso la trascuriamo. Tecniche di respirazione come il "respiro profondo" o la "respirazione quadrata" possono avere effetti profondi sul nostro benessere. Queste tecniche aiutano a ridurre lo stress, migliorare l'ossigenazione del corpo e possono persino aiutare a migliorare la resistenza e la forza fisica.

Sonno:

Il sonno è essenziale per la nostra salute e benessere generale. Un buon sonno può migliorare la memoria, la concentrazione e persino rafforzare il sistema immunitario. È importante mantenere una routine di sonno regolare, evitare la luce blu prima di dormire e creare un ambiente favorevole al sonno. Alcuni hack del sonno includono l'utilizzo di maschere per gli occhi, macchine del rumore bianco e aromaterapia.

Spartan Vision:

La "Spartan Vision" si riferisce alla capacità di avere una visione chiara e focalizzata dei propri obiettivi e della propria missione nella vita. Gli Spartani erano noti per la loro disciplina, resistenza e determinazione. Incorporare una "visione spartana" nella propria vita significa avere una chiara comprensione di ciò che si vuole realizzare e perseguire quegli obiettivi con determinazione e passione, indipendentemente dalle sfide che si presentano.

Concludendo, gli hack stile di vita rappresentano una serie di strumenti e tecniche che, quando applicati correttamente, possono portare a un miglioramento significativo nella qualità della vita. Integrando queste pratiche nella routine quotidiana, è possibile vivere una vita più sana, centrata e produttiva.

PARTE 6
HACK AMBIENTE

Hacks Ambiente:

Il biohacking non riguarda solo il nostro corpo, ma anche l'ambiente in cui viviamo. Modificare e ottimizzare l'ambiente può avere un impatto significativo sul nostro benessere generale. Questi "hacks" ambientali sono modi per migliorare la nostra interazione con l'ambiente circostante, influenzando positivamente la nostra salute e le nostre prestazioni.

Luce, Liquidi del Corpo e Infiammazione:

La luce può influire sui liquidi del nostro corpo e sull'infiammazione. Una corretta esposizione alla luce, soprattutto al mattino, può aiutare a regolare i ritmi circadiani, influenzando la produzione di ormoni e liquidi corporei e riducendo l'infiammazione.

UVB per la Vitamina D:

La luce UVB è essenziale per la produzione di vitamina D nel nostro corpo. Una corretta esposizione al sole, senza eccessi che potrebbero essere dannosi, può aiutare a mantenere livelli ottimali di vitamina D, essenziale per la salute delle ossa e del sistema immunitario.

Luce in Profondità:

Non tutte le luci penetrano la pelle alla stessa profondità. Comprendere come differenti lunghezze d'onda influenzano il corpo può aiutare a selezionare le sorgenti luminose più appropriate per differenti esigenze.

Luce Dannosa:

Esposizione prolungata a luci artificiali, soprattutto quelle blu emesse da schermi e dispositivi elettronici, può essere dannosa per la vista e disturbare il sonno.

Luce "Buona":

La luce naturale del sole o le luci progettate per emulare la luce solare possono avere effetti benefici sul corpo, migliorando l'umore, il sonno e la produzione di ormoni.

Luce Infrarossa e Luce Rossa Potente:

La luce infrarossa e la luce rossa potente sono state studiate per i loro potenziali benefici terapeutici, come la promozione della guarigione delle ferite, la riduzione dell'infiammazione e la stimolazione della produzione di collagene.

Controllo Luce:

È essenziale avere un controllo sulla luce nell'ambiente in cui viviamo, utilizzando tende, luci dimmerabili e filtri per schermi per gestire l'esposizione.

Ritmi Circadiani:

I ritmi circadiani sono cicli biologici di 24 ore che influenzano il nostro sonno, l'umore e la funzione ormonale. Una corretta esposizione alla luce e l'evitare la luce blu prima di dormire possono aiutare a regolare questi ritmi.

Earthing:

L'earthing, o grounding, si riferisce al contatto diretto con la Terra. Questa pratica può aiutare a neutralizzare i radicali liberi nel corpo e ridurre l'infiammazione.

Ionizzatore Aria e Ionizzatore Acqua:

Gli ionizzatori purificano l'aria e l'acqua rimuovendo particelle e impurità. Questi dispositivi possono migliorare la qualità dell'aria che respiriamo e dell'acqua che beviamo.

Muffe:

Le muffe possono avere effetti negativi sulla salute. È essenziale monitorare e prevenire la crescita di muffe nell'ambiente domestico.

Freddo:

L'esposizione controllata al freddo può avere benefici come la stimolazione del metabolismo e la riduzione dell'infiammazione.

Elettrosmog:

L'elettrosmog è una forma di inquinamento elettrico. Dispositivi come telefoni cellulari, Wi-Fi e apparecchiature elettriche emettono radiazioni che, se non gestite correttamente, possono avere effetti negativi sulla salute. È importante essere consapevoli e prendere misure per ridurre l'esposizione.

Questo capitolo offre una panoramica approfondita su come l'ambiente circostante può essere ottimizzato per promuovere la salute e il benessere, attraverso una serie di hacks e modifiche al nostro stile di vita e alla nostra casa.

PARTE 7
QUANTIFIED SELF

Il movimento del Quantified Self, o "auto-quantificazione", si concentra sull'utilizzo della tecnologia per monitorare vari aspetti della salute personale. Questo movimento va oltre la semplice conteggio dei passi o la misurazione delle calorie; si tratta di comprendere profondamente il proprio corpo e la propria mente attraverso dati misurabili. Di seguito sono elencati alcuni strumenti e metodologie chiave che rappresentano la punta di diamante di questo movimento.

HRV: Heart Rate Variability

La Variabilità della Frequenza Cardiaca (HRV) è una misura delle variazioni nel tempo tra battiti cardiaci consecutivi. Mentre può sembrare controtuizione, un HRV elevato è generalmente considerato un segno di buona salute cardiaca e di una buona capacità del sistema nervoso autonomo di adattarsi a varie situazioni. Il monitoraggio dell'HRV può aiutare a identificare i periodi di stress, la mancanza di sonno o problemi di salute sottostanti.

Il digiuno intermittente, come discusso nelle sezioni precedenti, può influenzare l'HRV. Una dieta equilibrata, una buona idratazione e una gestione efficace dello stress sono tutti fattori chiave per mantenere un HRV ottimale.

Oura Ring

L'Oura Ring è un dispositivo wearable che monitora una serie di metriche relative alla salute, tra cui l'HRV, la qualità del sonno, la temperatura corporea e i livelli di attività fisica. La sua capacità di monitorare il sonno in modo accurato lo rende unico nel suo genere tra i dispositivi wearable. L'Oura fornisce informazioni dettagliate sulle fasi del sonno, aiutando gli utenti a comprendere quando entrano nel sonno profondo, nel sonno REM, e quanto sonno leggero stanno ottenendo. Queste informazioni possono poi essere utilizzate per ottimizzare la routine di sonno e migliorare la qualità del riposo.

Muse

Muse è una fascia per la testa che misura e analizza l'attività cerebrale, aiutando gli utenti a meditare più efficacemente. Attraverso l'uso della neurofeedback, Muse fornisce una guida in tempo reale sull'attività cerebrale, aiutando l'utente a riconoscere quando la mente vagabonda e a riportarla in uno stato di calma e concentrazione. La meditazione regolare può migliorare l'attenzione, ridurre lo stress e potenziare la capacità cognitiva.

Giochi Specifici per Allenare il Cervello

In un'era dominata dalla tecnologia, non sorprende che siano emersi giochi digitali progettati specificamente per potenziare la funzione cerebrale. Questi giochi sono stati sviluppati per migliorare la memoria, l'attenzione, la velocità di elaborazione e altre funzioni cognitive. Alcuni esempi popolari includono Lumosity e Peak. Questi giochi utilizzano una serie di esercizi che sfidano il cervello in modi diversi, aiutando gli utenti a mantenere la mente agile e potenziare le capacità cognitive nel corso del tempo.

Con l'avvento di strumenti sempre più avanzati per monitorare e migliorare la nostra salute, il movimento del Quantified Self promette di diventare ancora più centrale nella vita di molte persone. Attraverso una comprensione profonda dei nostri corpi e menti, siamo meglio attrezzati per fare scelte informate sulla nostra salute e benessere.

PARTE 8
GIORNATA DA BIOHACKER

Il biohacking è l'arte e la scienza di ottimizzare la propria salute, benessere e performance attraverso una combinazione di tecniche moderne e approcci olistici. Per un biohacker, ogni giornata è un'opportunità per affinare il proprio corpo e la propria mente, per raggiungere il massimo potenziale. Ecco come potrebbe apparire una giornata tipo:

Alba: Meditazione e Respirazione

Appena svegli, un biohacker inizia la giornata con una sessione di meditazione profonda, concentrandosi sulla respirazione per stabilizzare il sistema nervoso e preparare la mente per le sfide del giorno. Questa pratica aiuta a ridurre lo stress e a migliorare la chiarezza mentale.

Colazione: Nutrizione Ottimizzata

Dopo la meditazione, il biohacker può scegliere di digiunare, basandosi sul modello di digiuno intermittente, o potrebbe consumare un pasto nutrizionalmente denso, evitando cibi ad alto indice glicemico e privilegiando quelli ricchi di proteine e grassi buoni.

Mattina: Movimento e Attività Fisica

Il movimento è fondamentale. Una sessione di allenamento, yoga o una semplice passeggiata all'aperto può aiutare a stimolare la circolazione, migliorare la flessibilità e rafforzare i muscoli.

Pranzo: Mindful Eating

Il pranzo è un momento per nutrirsi con attenzione, prestando attenzione a ciò che si mangia, come si mangia e in che quantità. L'obiettivo è ottimizzare l'assunzione di nutrienti e mantenere stabili i livelli di energia.

Pomeriggio: Focus e Produttività

Con l'energia derivante da una nutrizione ottimizzata, il biohacker si dedica al lavoro e alle attività cognitive, utilizzando tecniche come la tecnica Pomodoro o la meditazione mindfulness per mantenere alta la concentrazione.

Serata: Recupero e Relax

La serata è dedicata al recupero. Questo potrebbe includere bagni caldi, lettura, tecniche di rilassamento o semplicemente ascoltare musica rilassante.

Notte: Sonno Rigenerante

La chiave per un efficace biohacking è un sonno di qualità. Ciò potrebbe includere l'uso di maschere per gli occhi, tappi per le orecchie o tecniche di respirazione profonda per garantire un sonno profondo e riposante.

PARTE 9
BONUS

I Segreti del Digiuno delle Celebrità

Mentre il digiuno intermittente ha guadagnato popolarità tra il pubblico generale, molte celebrità hanno adottato questa pratica per mantenere la loro forma fisica e migliorare la loro salute. Senza fare nomi specifici, esploreremo come alcune delle più grandi stelle del mondo hanno utilizzato il digiuno come strumento per ottimizzare le loro performance e il loro benessere.

Vinci l'Apocalisse Elettromagnetico

Viviamo in un mondo dominato dalla tecnologia, e con essa, l'esposizione alle radiazioni elettromagnetiche è diventata una realtà quotidiana. Dal Wi-Fi ai telefoni cellulari, siamo costantemente bombardati da onde elettromagnetiche. In questa sezione, esploreremo come proteggere il nostro corpo e la nostra mente dall'esposizione eccessiva, attraverso pratiche di biohacking e soluzioni innovative.

CONCLUSIONE

Il "Biohacking Spartano" non è solo un libro, ma una guida dettagliata per chiunque voglia intraprendere un viaggio di scoperta e ottimizzazione del proprio corpo. Attraverso la combinazione di antiche pratiche e moderne scoperte, possiamo iniziare a vedere il nostro corpo non solo come un mezzo per vivere ma come qualcosa che può essere affinato, migliorato e "hackerato" per prestazioni ottimali. Con l'attuazione di pratiche come il digiuno intermittente, l'attenzione alla nutrizione e l'ottimizzazione ormonale, possiamo sperare di vivere vite più lunghe, più sane e più appaganti.